自然：设计的灵感之源

善本出版有限公司 编著

人民邮电出版社

北京

图书在版编目（C I P）数据

自然 : 设计的灵感之源 / 善本出版有限公司编著
. -- 北京 : 人民邮电出版社, 2021.9
ISBN 978-7-115-56835-9

Ⅰ. ①自… Ⅱ. ①善… Ⅲ. ①设计—案例—汇编
Ⅳ. ①TB47

中国版本图书馆CIP数据核字(2021)第142063号

内 容 提 要

在设计中，自然是非常重要的灵感来源。大自然中的事物多种多样，有的具有漂亮的形态，有的具有丰富的色彩，有的具有独特的肌理……所有这些都可以提炼出来，经过归纳与重组运用在设计中。本书分为图形转换、微观世界、自然色彩 3 部分，精选 63 个以自然为灵感的设计案例。每个案例都展示了大量精美图片，并且阐述了设计的理念与创意，希望读者可以从书中获得设计灵感。

本书适合设计专业的学生及从业的设计师阅读。

◆ 编　　著　善本出版有限公司
　　责任编辑　赵　迟
　　责任印制　马振武
◆ 人民邮电出版社出版发行　　北京市丰台区成寿寺路 11 号
　　邮编　100164　电子邮件　315@ptpress.com.cn
　　网址　https://www.ptpress.com.cn
　　北京盛通印刷股份有限公司印刷
◆ 开本：787×1092　1/16
　　印张：12
　　字数：296 千字　　　　　　　　2021 年 9 月第 1 版
　　印数：1 – 2 500 册　　　　　　2021 年 9 月北京第 1 次印刷

定价：129.00 元

读者服务热线：(010)81055410　印装质量热线：(010)81055316
反盗版热线：(010)81055315
广告经营许可证：京东市监广登字 20170147 号

目 录

7 —————— 前言

图形转换 8

16 —————— Rice Garden 月历设计
18 —————— A-moloko 视觉形象设计
22 —————— Citrus Moon 包装设计
24 —————— JIFF 电影节视觉形象设计
26 —————— The Wild Rabbit 视觉形象设计
28 —————— Zen 包装设计
30 —————— Linnaea 包装设计
32 —————— The Secret Garden 视觉形象设计
34 —————— Montero 视觉形象设计
38 —————— Xuberoa 视觉形象设计
40 —————— 心越视觉形象设计
42 —————— Madam Sixty Ate 视觉形象设计
44 —————— Bioparco di Roma 视觉形象设计
46 —————— María Leyva 摄影工作室视觉形象设计
48 —————— Andaluz 视觉形象设计
50 —————— Koala 视觉形象设计
52 —————— Sale in Zucca 视觉形象设计
54 —————— The Donkey Sanctuary 视觉形象设计
56 —————— Young Lions Italy 2013 视觉形象设计
58 —————— Elk Fabrique Pub 视觉形象设计
62 —————— Cynar Argentina 视觉形象设计
66 —————— Munchy Seeds 视觉形象设计
68 —————— Skylight Farm 视觉形象设计
70 —————— The Guardians 视觉形象设计
72 —————— Whitebites 包装设计
74 —————— Lódź Design Festival 视觉形象设计

76 —————— Happy Goats Farm 视觉形象设计
78 —————— Legajny Tomato Farm 视觉形象设计
82 —————— Hawthorne & Wren 视觉形象设计
84 —————— Lacue 视觉形象设计
88 —————— Horn of Plenty 视觉形象设计
90 —————— La Gordita 视觉形象设计
94 —————— Sky Club 视觉形象设计

微观世界 96

104 —————— Coffee 'n' Roll 视觉形象设计
106 —————— Grazia 视觉形象设计
110 —————— PACT 视觉形象设计
112 —————— Mutuo 视觉形象设计
114 —————— Eva Solo-Food Meets Function 视觉形象设计
116 —————— Vårdapoteket 视觉形象设计
122 —————— Salvatierra 视觉形象设计
126 —————— 布依视觉形象设计
128 —————— Textures Collettiva Contemporanea 视觉形象设计
130 —————— Artphy 视觉形象设计
132 —————— Vi Novell 视觉形象设计
134 —————— Meat 信息图设计

138 ——————— Giuseppe Giussani 视觉形象设计

140 ——————— Möbelbau Breitenthaler 视觉形象设计

自然色彩 142

150 ——————— M.U.D 视觉形象设计

152 ——————— Le Bleury 视觉形象设计

154 ——————— Hortus 视觉形象设计

156 ——————— Flinders 酒店视觉形象设计

158 ——————— 72° Magic Power 视觉形象设计

162 ——————— Life is Endless 海报设计

164 ——————— Blue Hill 视觉形象设计

166 ——————— Itália Ice Cream 视觉形象设计

170 ——————— B Honey Cachaça 视觉形象设计

172 ——————— Smirnoff Caipiroska 包装设计

174 ——————— Avalanche Print 视觉形象设计

178 ——————— Green LAB 视觉形象设计

180 ——————— Podi 视觉形象设计

184 ——————— 日历设计

186 ——————— Arctic and Antarctic 博物馆视觉形象设计

188 ——————— Valentto 视觉形象设计

自然的灵感

自然界中有各种神奇的物种，它们的色彩、形态和结构都能为人们提供各式各样的创意灵感。对于设计师而言，大自然更是一个取之不尽、用之不竭的设计资源库。近几年，随着生态可持续发展思想的广泛传播和视觉传媒的极速发展，在设计中渗透自然元素或者通过自然元素取得灵感并反映在设计中，让设计与自然融合的过程成为一种潮流与趋势。设计师以自然形态为基本元素，从自然界的动物或者植物的色彩、形态、结构中提取有价值的元素，再结合设计本身的特点，让设计内容更加丰富，更有生命力。

什么是自然元素？自然元素泛指与自然相关的一切物质元素、体验元素与意识元素的集合，包括一切存在于自然界中的形态。它不仅包括植物等属于自然生态系统的物质性元素，还包括自然现象、生命现象等见证自然变化的过程性元素。换言之，它既包括空间层次，又包括时间层次，既涵盖物质层面，又涵盖意识层面。

自然元素在设计中可以表现为具象自然元素符号与抽象自然元素符号两类。具象自然元素符号是指用写实的手去，通过摄影、写实插画等方式，对自然生物形体、色彩肌理、图案等进行直接复制。而抽象自然元素符号则是以点、线、面的变化作为创意表现手段，对自然生物的色彩、形态、结构等进行概括、夸张、变形等处理。

自然灵感的发现、提取与体现通常会通过以下几个方面获取。第一，自然材料，通过自然材料让设计获取大自然的气息，体现出质朴、自然的感觉。第二，自然肌理，对自然肌理在视觉或触觉上进行复制与转移，或者在原有的色泽与质地的基础上进行二次纹理编排与设计。第三，自然图形，自然图形可分为具象与抽象两种类型。具象自然图形是对自然界中直观的元素进行写实性、描绘性的创作；抽象自然图形是利用点、线、面的形式对自然元素进行归纳、联想而产生的设计。第四，自然色彩，自然色彩是客观存在的，是大自然本身所具有的色彩，它为艺术设计提供了无限的创意。设计师可根据对自然色彩的认识，对其进行深化与提炼，让其更具个性。第五，自然形态，把自然界中原有的有机线条与有机形态运用于设计，或者选取形态中的某一部分运用于设计。

自然对人类的发展有着非常大的贡献与影响，人类在生存过程中，会对自然进行提取、利用与改变。从设计的角度而言，在设计中学会合理地利用自然元素，关注自然环境的价值，着眼于人与自然的生态平衡或人与自然的和谐发展，并把它有效地转化为设计元素或创意灵感，能够使设计更好地服务于生态保护与人类生活。

图形转换

这个世界不缺少美，缺少的是发现美的眼睛和记录美的智慧。在这个美丽的蓝色星球上，有着极为丰富而多元的自然生态系统。天空、海洋、陆地、空气、岩石、森林、雨水、花草、色彩、四季变化等大自然所恩赐的一切都是人类赖以生存的元素，而我们的文明也在这样的环境下不断地酝酿、成长。人类对这个世界的认知来自大自然，科学技术、文化艺术等一切的进步与发展都源于我们对自身所处环境的认识和理解。从早期人类因为科学认知的局限而对自然万物充满敬畏及崇拜之情，发展到现在对大自然的改造及利用，乃至突破地球的限制走向外太空，无不体现着大自然对人类生存与社会文明发展的影响和重要性。

自然为我们提供了生存的基础，同时也提供了发展的灵感。在这个过程中，特别是在文化艺术领域的发展中，人类独有的视觉图形转换能力为历史的传承与发展保留了大量的视觉化影像资料，而这些宝贵的资料不断地给后来者提供灵感，以引导人类进步。远古人类的壁画，中国的写意水墨，日本的浮世绘，古埃及独特的"三段式"图形，文艺复兴时期的欧洲古典写实绘画，乃至后来绘画上的印象派、构成主义、抽象主义等，都是人们在对自然界的观察和理解的前提下对视觉图形转换的大胆创新。这些由充满智慧的图形视觉转换而成的各种艺术风格无疑成了人类文化艺术的瑰宝，并深刻地影响着当代视觉图形的创作和审美。

在信息化特征越来越明显的现代，图形视觉转换的运用已不再局限于文化艺术和记录领域。图形的功能在不断地扩充，在简化传播信息的作用上图形具有非常明显的优势，它们很多时候是直接明了、含义明确且视觉心理强烈的。当代图形影像的呈现和人类需求的多样性和多元化要求，使得图形在很多时候涵盖了地域文化、心理含义、造型美感、视觉感受、商业需求和社会需求等。设计师在创作图形时必然是考虑了上述的综合因素，而灵感的来源除了自身对外部的理解、美学修养、文化沉淀及兴趣爱好之外，更多的是我们所赖以生存的这颗美丽的蓝色星球上的元素。

一切可视之物的造型、色彩都影响着我们去改变和创造这个世界。自然界处处充满了灵感与启发，这一切终将通过文明与智慧的转换影响我们每一个人的生活。

Rice Garden 月历设计

设计：美可特品牌企划设计有限公司

正如一句谚语所说的"吃饭要配菜"，月历上拼贴的时令蔬菜展现了米饭和菜肴的紧密关系。

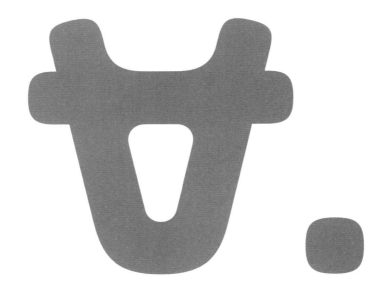

А-МОЛОКО
АВТОМАТИЗИРОВАННАЯ ПРОДАЖА МОЛОКА

A-moloko 视觉形象设计

设计：Ermolaev Bureau

A-moloko 是经营自动化生产农场鲜牛奶的公司，公司的连锁业务和名称为标识的设计提供了灵感。第一个字母 A 被倒转过来，就好像奶牛的嘴巴和鼻子，成为标识的基本构成。整套品牌的形象建立在清晰的符号系统上，描述了牛奶从产出到顾客手中的全过程。

**АВТОМАТИЗИРОВАННАЯ
ПРОДАЖА НАТУРАЛЬНОГО
ФЕРМЕРСКОГО МОЛОКА**

НЕ ПОРОШКОВОЕ!
БЕЗ КОНСЕРВАНТОВ
И ДОБАВОК

ПРОИЗВОДИТЕЛЬ: ООО АГРОФИРМА «ДУБНА-ПЛЮС»
ПРОДАВЕЦ: ООО КОМПАНИЯ «ЖИВОЙ ПОТОК»

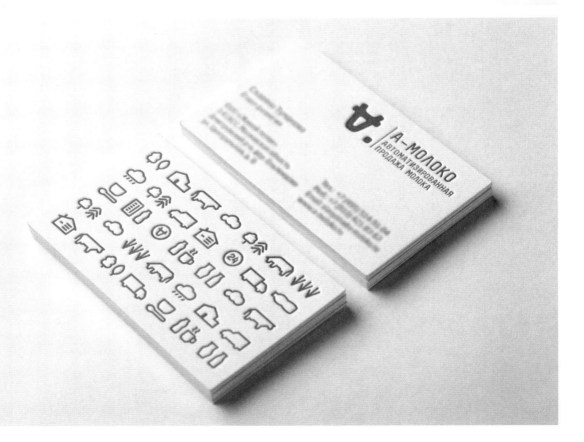

Citrus Moon 包装设计

设计：Tsan-Yu Yin

这是一个月饼品牌的包装。它外层的套筒上有一个黄绿色的渐变的圆形，象征着中秋满月。随着套筒被慢慢拉出，绿色的面积渐渐变大，黄色区域则渐渐消失，好比月缺的景观。

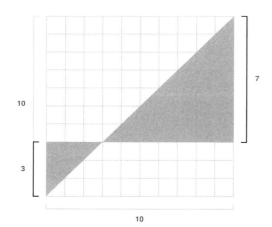

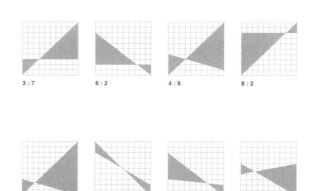

JIFF 电影节视觉形象设计

设计：Jaemin Lee

JIFF（全州国际电影节）在每年春季举办。2013 年选用了蝴蝶翅膀作为设计主题。形象设计中使用蝴蝶翅膀作为设计元素，并采用鲜花的配色。蝴蝶不停扇动的翅膀表达出电影人的毅力，更重要的是它代表了电影节的精神——一小步带来大改变。

The Wild Rabbit 视觉形象设计
设计：Tracy Hung

设计师从大自然和树枝造型中得到灵感，将一只兔子的图形和一款定制的字体组合成标识。它的品牌形象传达了一种自由的精神，这种精神使复古风格的首饰再次流行。

The Wild Rabbit thrives to bring you beautiful jewelry and accessories from the vintage stores and flea markets around the world. Follow The Wild Rabbit and dig out more hidden treasures with us!

小野兔為您挖掘各地的二手古董珠寶,首飾與配件。和我們一起跟隨小野兔發現更多獨一無二的寶藏吧!

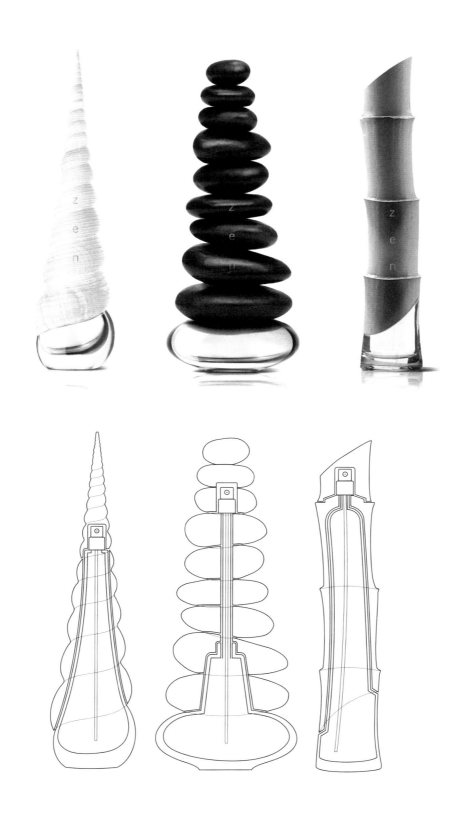

Zen 包装设计

设计：GOOD!

香水"禅"的包装融合了自然生物的造型。竹子、贝壳和石头的形状为香水瓶注入了自然的气息，充分展现了"禅"的意境——平静和沉思。

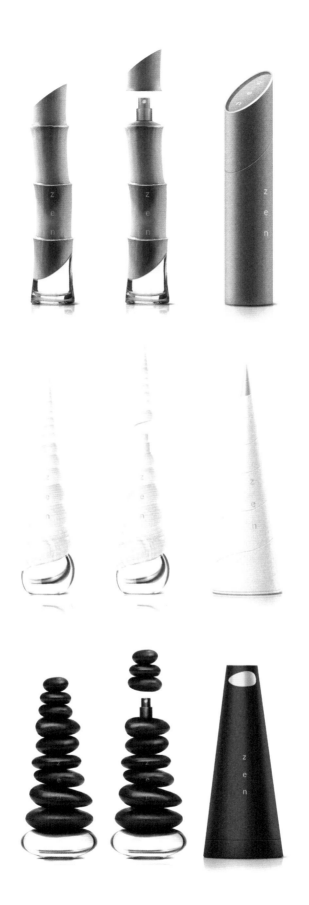

Linnaea 包装设计

设计：Marsh

Linnaea 是一家位于澳大利亚的精品酿酒厂，Linnaea Rhizotomi 是酒厂发售的第一款葡萄酒。Linnaea 的两位创始人分别有医学、人类学和生物化学的背景，他们喜欢植物，了解气候与不同植物的气味，也掌握着各种植物的药效知识。他们希望在红酒包装上体现植物与人类紧密的关系，于是创作了一个以花朵为头部的男性形象，以此作为酒瓶标贴的主要视觉元素，希望能用这个具有植物生命感的设计来表达对于红酒口味的追求。

THE SECRET GARDEN

INN BY THE SEA • PROVINCETOWN • CAPE COD

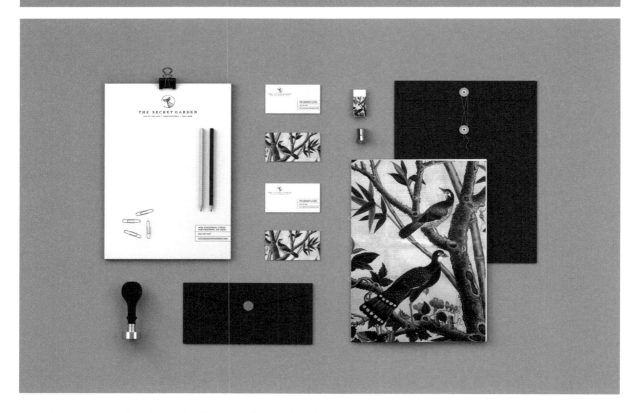

The Secret Garden 视觉形象设计
设计：Christian, Allegra Poschmann

秘密花园是美国科德角一家历史悠久的、提供早餐的旅舍。其新设计的品牌形象需要保留其古老的魅力和怀旧的感觉，同时要具有现代感和新鲜感，以吸引新顾客。栩栩如生的绿树青鸟插画表现了旅舍与大自然融合的、清新宜居的特点。

MONTERO
—
HIDALGO SUR No.211
SALTILLO COAHUILA—CP 25000 MX

Montero 视觉形象设计

设计: Anagrama

这是一家位于墨西哥北部沙漠地区的餐馆，餐馆内的布置反映了它所处的环境。受当地食材的启发，它的菜单结合了现代炊具元素。设计师巧妙地把当地的自然元素（如奔跑着的动物）融入设计，创造了"全区美食"的概念。

Xuberoa视觉形象设计

设计：Jesús Sotés Vicente

这里展示了Xuberoa的品牌塑造和品牌形象。Xuberoa是一家提供基础教育的农场学校，这里有各种农场动物。它的标识是一只由七巧板拼接而成的猫。用七巧板还可以拼接成其他动物图案，如狗、猪和公鸡等，它们都出现在品牌形象里。这些元素赋予了这个设计清新、自然的气息。

心越视觉形象设计

设计：彭超

心越商业俱乐部的品牌形象以中国传统元素为特色——象征喜悦、幸福的喜鹊和象征美满、富足的花、枝、叶。图形传达出喜鹊登枝、花开四季的圆满意境。主图形以圆形向内铺展，生长出树枝、绿叶和花朵，组成中文的"越"字。此标识采用清雅的色彩搭配平面，突破了一般标识图形的平面化，整体充满艺术动感。

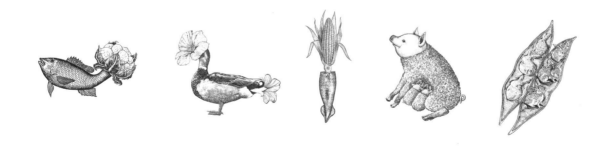

Madam Sixty Ate 视觉形象设计

设计：Jeremy Heun, Mandy Chan

这是一家餐厅的视觉形象设计。设计师在菜单上采用了日记账分录的表现形式，并且使用了一系列将动物和蔬菜组合在一起的插画作品，强调了餐厅充满幻想的氛围及其不寻常的食物搭配。

BIOPARCO

DI ROMA

•

Bioparco di Roma 视觉形象设计
设计: ma7

Bioparco di Roma是一家位于罗马的动物花园。花园的形象设计以现代为特点，并配合了这座城市里最负盛名的旅游景点。为了表现动物自由快乐的特点，突出花园追求科学的目标，设计师选了一个当地的图腾作为设计元素，经过深入调查，创造出了一个浅显易懂、清晰而简约的形象标识。

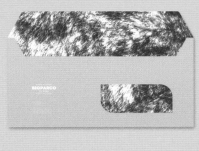

MARÎA LEYVA
FOTOGRAFÎA

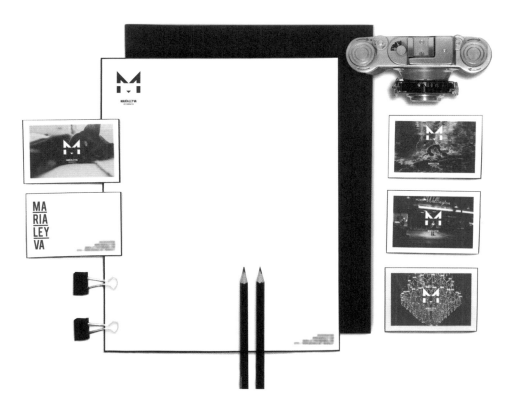

María Leyva
摄影工作室视觉形象设计

设计: Karla Rocío Heredia Martínez

这个形象设计展现了摄影工作室创始人及其作品的强烈个性。她的照片强有力地表达了她对自然的热爱。这个标识既可以看作字母"M",又可以看作猫的合成图,代表着人类与自然的融合,自然界中的生物都是摄影师的主要灵感来源。

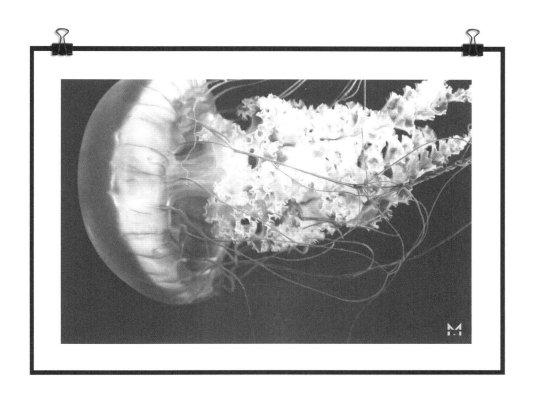

Andaluz 视觉形象设计

设计: Plau

Andaluz 是一家音频、视频生产公司，它的名字和标识都源于一部超现实主义电影——《一条安达鲁狗》。它的标识采用了印刷字体、木版画和 A 字形的摇摆木马等元素。设计师大胆使用黄色作为底色，采用单色插画勾勒出马的形象。

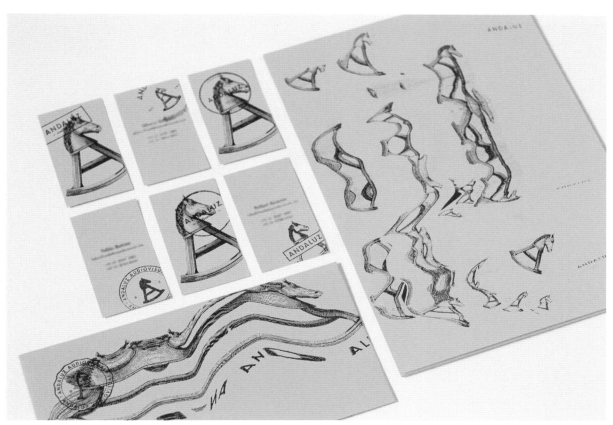

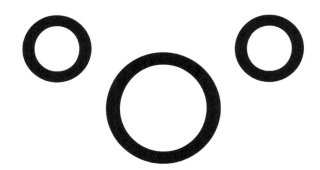

Koala 视觉形象设计

设计：Vendula Klementova

这是一个专为澳大利亚的动物拍照的摄影师的视觉标识。这个标识的灵感来源于考拉——一种澳大利亚的本土动物。设计师把考拉的脸部特征与专业数码单反相机的形状融合到一起，设计出一个简单又调皮的标志。

Sale in Zucca 视觉形象设计

设计: Fabio Persico Studio

Sale in Zucca 是一句意大利谚语，意思是"聪明"。Sale in Zucca 是一个以南瓜为红线的活动。这个设计主要使用暖色调的颜色。这个品牌高质量的自制食品提高了人们对有机、天然的传统食物的关注度。

The Donkey Sanctuary
视觉形象设计

设计：The Allotment Brand Design

毛驴庇护所是一个国际性的马科动物慈善机构。设计师设计了一个以两头毛驴的形象为中心的具有连贯性的清晰品牌形象，以传达安全、奉献和关爱的理念。

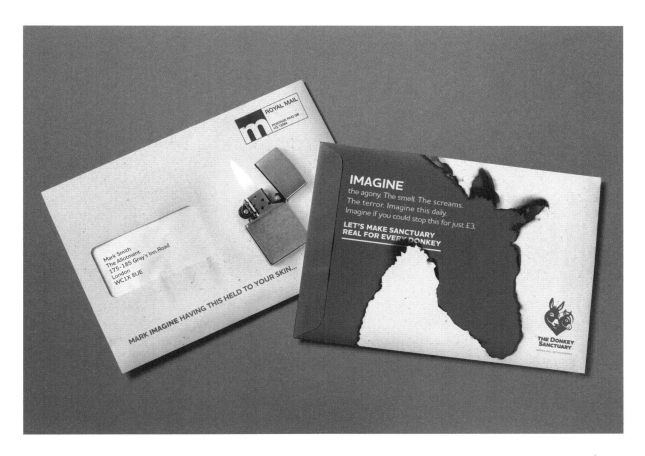

Young Lions Italy 2013
视觉形象设计

设计：Lumen Bigott

这个设计受到了幼狮和成年雄狮的鬃毛差异性的启发。在大自然中，雄狮的年龄越大，鬃毛长得越多，颜色越深。幼狮之间的竞争代表着有天赋的设计师需要获取更多增加经验的机会，好让他们的"鬃毛"生长。四种不同的颜色分别代表着不同类型的比赛。

Elk Fabrique Pub 视觉形象设计

设计: Anton Starodubtcev

这是为 E. F. Pub 设计的企业标识，一个标识将酒吧名字的拼写嵌入鹿的形状，另一个标识是鹿首与交叉摆放的叉子和铲子，这个组合被用到多个图案里。

ELK FABRIQUE
All Elks are Equal

Cynar Argentina 视觉形象设计

设计：MAMBO art&design studio

这是为 Cynar 设计的标识，Cynar 是一家意大利知名的酒品牌，总部位于阿根廷。标识的设计灵感来源于洋蓟，设计师用洋蓟的形状配以不同的颜色来吸引年轻的消费者。

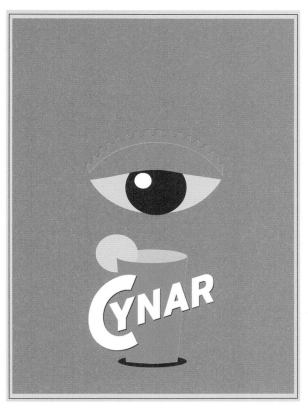

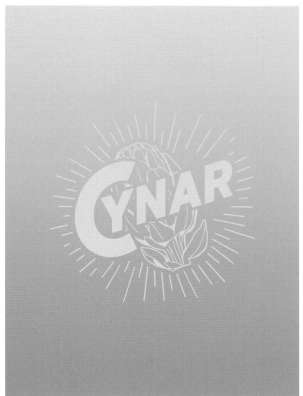

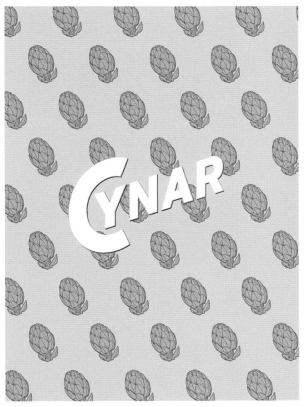

Munchy Seeds 视觉形象设计

设计：Ziggurat Brands

Munchy Seeds 是一个零食品牌，它的品牌形象是由手的姿势配合逼真的彩绘而形成的动物形象，能在视觉上给人留下深刻的印象。这些贴合动物形象的手势为这个品牌注入了自然的活力。

Skylight Farm 视觉形象设计
设计：Russell Shaw Design

Skylight Farm 是一个有机蔬菜农场，位于美国亚特兰大郊外。老式农场的标签、原创的蔬菜插图和农场设备都是其品牌标识设计的灵感来源。

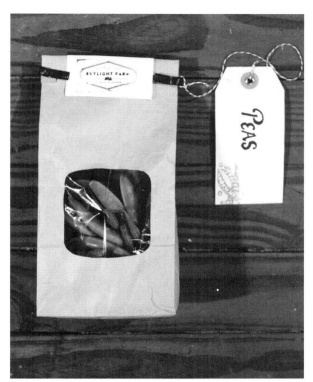

The Guardians 视觉形象设计

设计：mousegraphics

这是一个由知名酿酒家族酿制的新葡萄酒的品牌形象设计。设计师从古老的葡萄园守护人——稻草人那里得到灵感，创造了不同的具有艺术性的稻草人，并通过给稻草人穿上褐色披肩、灰色西装和金色长袍等服饰赋予其现代感。

Whitebites 包装设计

设计：Cecilia Uhr

设计师从自己的宠物那里得到了这款狗粮包装的设计灵感，狗的个性得到重视并融入包装里。黑白色调与鲜艳色彩结合，好比宠物给我们的生活带来的缤纷色彩。这个设计的创意还在于其镂空工艺：狗嘴巴处的镂空使露出的棒状狗粮看上去像狗的牙齿。

Lódź Design Festival
视觉形象设计
设计：ORTOGRAFIKA

这是第六届Lódź设计节的视觉形象设计，这届设计节的主题是意识。该设计除了具有实用性和审美上的价值，还强调了意识在设计中的重要性。为此，设计师们选择了大猩猩为视觉元素，象征着反思现实和变化的本质。

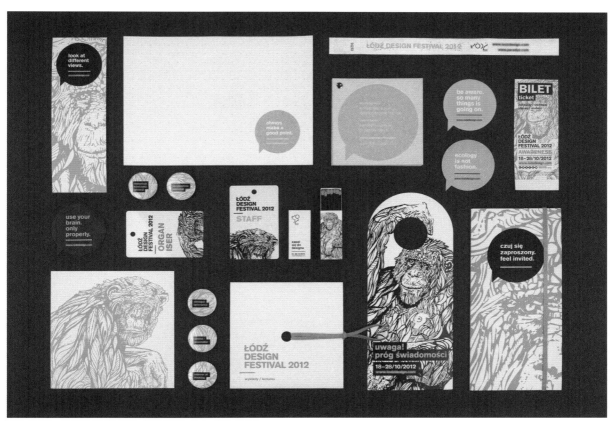

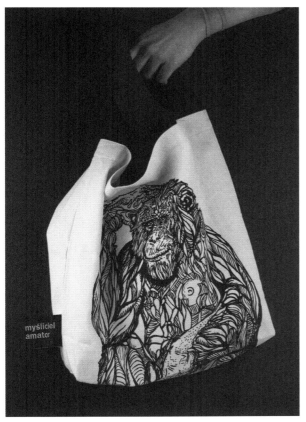

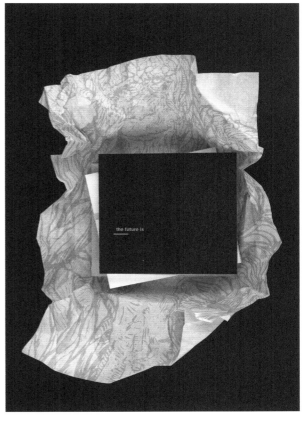

Happy Goats Farm
视觉形象设计

设计：Polly Lindsay

Happy Goats Farm是一个乳制品品牌，它希望通过其产品和宣传活动来传播快乐。它的品牌形象融入了牧场上的牛、草地、蓝天、白云等多种自然元素。柔和的色调营造出放松舒适的氛围，让消费者更容易放下他们的戒备，感受生活中的快乐。

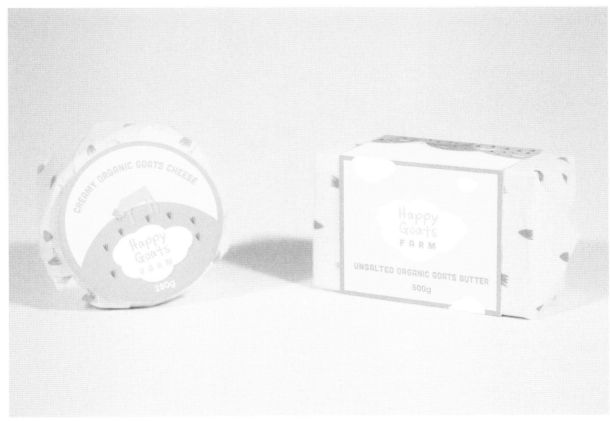

Legajny Tomato Farm
视觉形象设计

设计: moo studio

Legajny Tomato Farm 是波兰当地的一家西红柿生产商。他们采用了经典而富有表现力的西红柿作为企业的图形象征，创造了一个传统的形象并表现了自然的触感，运用像毡、棉布、再生纸或纸板这样的自然材料突出老式的品牌形象。

Hawthorne & Wren
视觉形象设计

设计：A3 Design

Hawthorne & Wren专注于生产各种礼品。其标识设计以山楂树和鹪鹩为图形元素。山楂树因长寿和韧劲而闻名，象征着荣誉、尊重、希望以及对受伤心灵的治愈；鹪鹩常常为忧伤的人们传递希望的信息。该企业希望通过山楂树与鹪鹩有效地建立品牌形象。

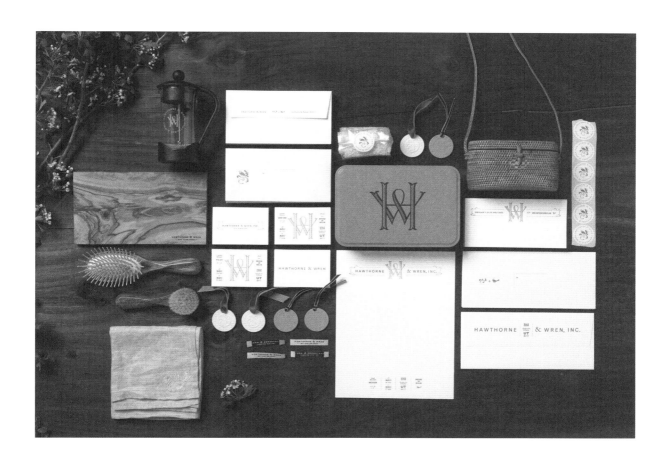

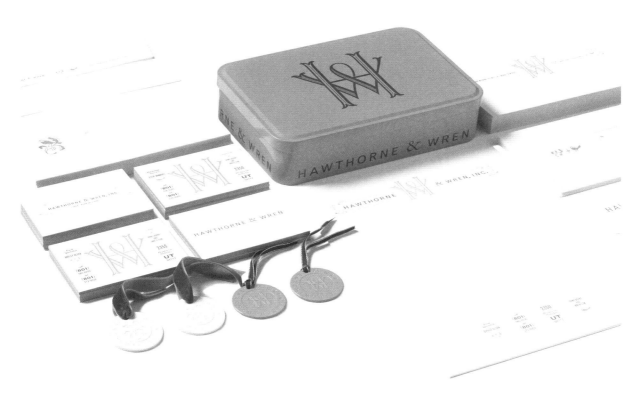

Lacue 视觉形象设计

设计: 6D

这是位于日本长野的名为 Lacue 的蔬菜公司的设计。它的设计理念基于生菜和地标符号，代表着公司追求蔬菜新鲜的理念。

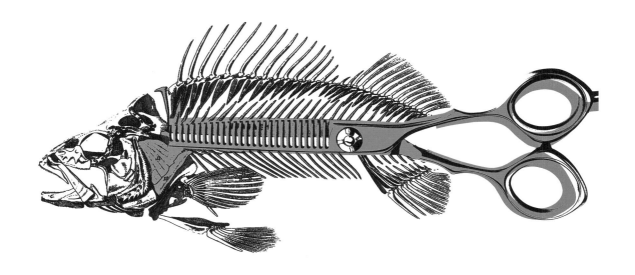

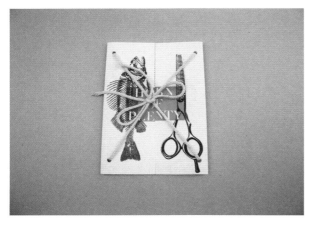
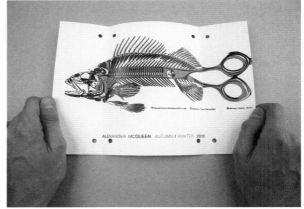

Horn of Plenty 视觉形象设计

设计：Saint-Petersburg
state univercity

Horn of Plenty 是设计师亚历山大·麦昆 2009 年作品集的视觉标识。该设计以超现实主义、达达主义和后现代主义为基础，把不协调的东西放在一起，以达到奇异的、意想不到的结果，比如剪刀鱼。设计目的是把经典美、自然美和技术进步混合在一起，打破传统。

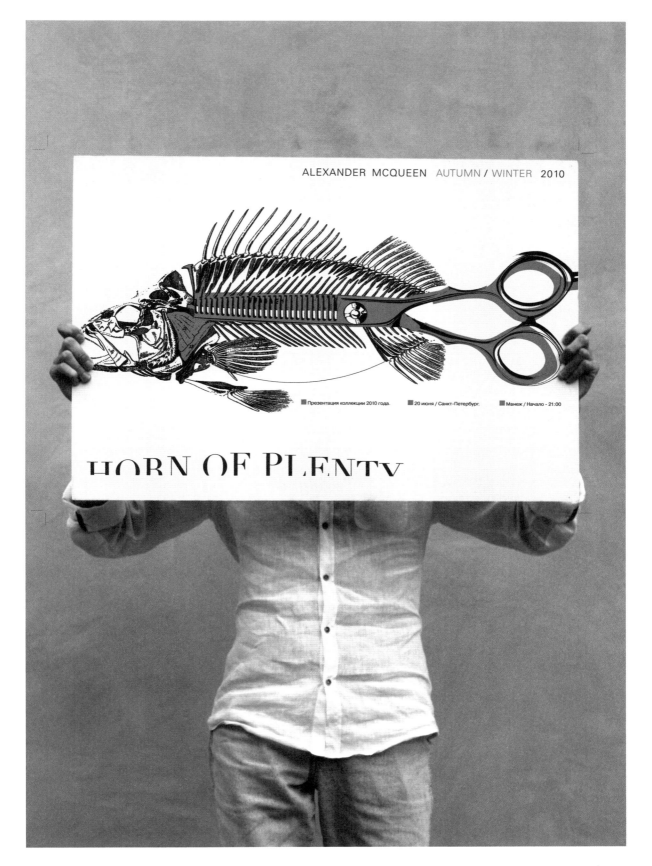

COMME À MEXICO
LA GORDITA
MAIS PLUS PROCHE

C'EST LE MEXIQUE
LA GORDITA
DANS TON ASSIETTE

La Gordita 视觉形象设计

设计：Sarah Ouellet

La Gordita是一个精美食品分销项目，主要受拉丁美洲文化中街头食物摊档和传统美食的启发。设计的目的是创造一个能反映墨西哥街道的图形模式。另外，它的标识运用了标志性的食材——青椒。

Sky Club 视觉形象设计

设计：Remark Studio

这一系列视觉形象以云为意象，反映了该俱乐部想要帮助人们实现身心健康的愿景。

sky club

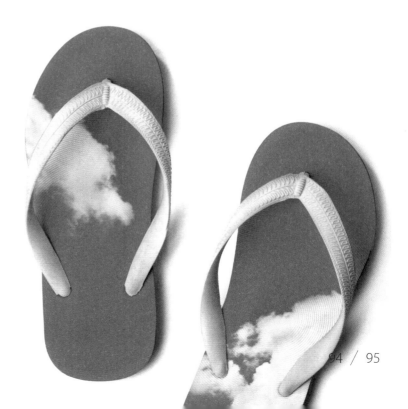

微观世界

看到的未必是全貌，发现美是一次探索之旅！在我们生活的世界里，石头、泥土、树木、雨水、花草、动物、空气等客观存在的事物都有着或美丽、或平淡、或丑陋的外在形象。大多数人的眼睛和认知会习惯性地接受这样的形象，但殊不知任何事物的表面下都有着一个奇异而美妙的世界。

人类的眼睛可以分辨直径大于0.1毫米的物体，小于这个尺寸的事物我们就难以察觉和理解。通常感官不能直接感觉到的微小的物体和现象分别叫作"微观物体"和"微观现象"，这就是微观的世界！

一方面，我们通过科学技术的辅助深入探索物体的内部，发现了眼睛无法直接看到的结构造型、排列组合、色彩搭配、构成成分等，这拓宽了我们对这个世界的认识，也让我们领略了有别于常规认知的美丽。这里的每一个发现都是那么与众不同，且具有研究和参考意义，在各个方面为科学家、艺术家和设计师等提供了各种不同的灵感源泉，从而引领和激发着人们智慧的创造和改变。

另一方面，仔细深入的观察和摄像器材的辅助突破了人类视觉对尺寸的限制，细微的形态、肌理效果、色彩变化、造型细节等被更多地观察和发现。这里的每一个发现与提取呈现无疑都是大众对视觉的全新体验，也是对传统审美习惯下的图形影像的一种延伸与挑战。

提高关注度是当下社会创造价值的一种直接而快捷的方式，而在设计创造价值的要求之下，设计师特别是平面设计师尤为需要考虑视觉吸引力、心理感受等因素。信息的发达使人们在生活中主动或被动地接触大量的图形和文字等视觉信息，以致大众对视觉审美常常感到疲劳，因此普通的视觉信息很难再吸引大众的关注。如何创造具有强烈视觉力量的作品？除了传统的视觉科学研究及文化心理体现之外，在微观世界里奇妙的、独特的、罕见的影像的呈现与再创作是非常丰富而有效的方法之一。

地球上有一个神奇的微观世界，它或呈现出理性的智慧，或充满着感性的美丽。对于我们来说，它是神秘的、震撼的，是智慧的探索场，也是创新与改变的灵感源泉！

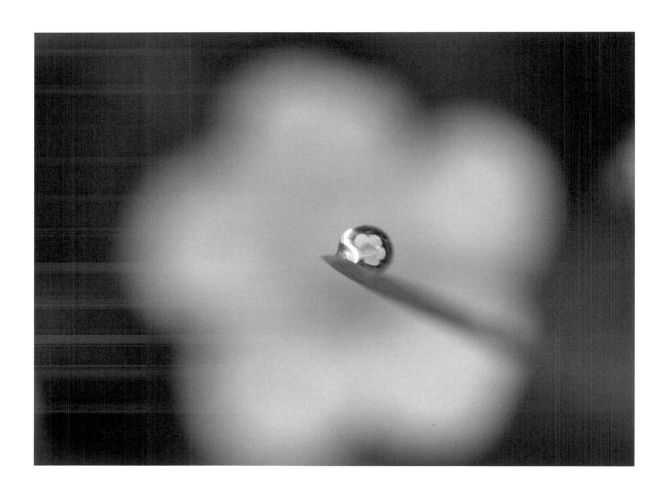

Coffee'n'Roll 视觉形象设计

设计：Dmitry Neal

Coffee'n'Roll是一家外带日式料理店，外带包装的设计采用了一系列色彩缤纷的几何图形。圆形、斜条纹、波浪线等设计元素的使用都是从料理的特征出发：圆形和斜条纹灵感来源于三文鱼鱼身和鱼肉的纹路，而使用波浪线则是因为日式料理材料多是海鲜，波纹线可与海浪联系起来。

Grazia 视觉形象设计

设计：P576

Grazia 是哥伦比亚首都波哥大的一家餐厅，美食爱好者可以在这里买到精致的糖果，品尝美味的佳肴。该餐厅设计的亮点在于创造了一种崇尚美和精致食物的视觉语言。设计师在包装上运用了多种植物的纹理作为图案。设计中的第二元素是线条，展示了空间结构，并为标识的定位提供参考。

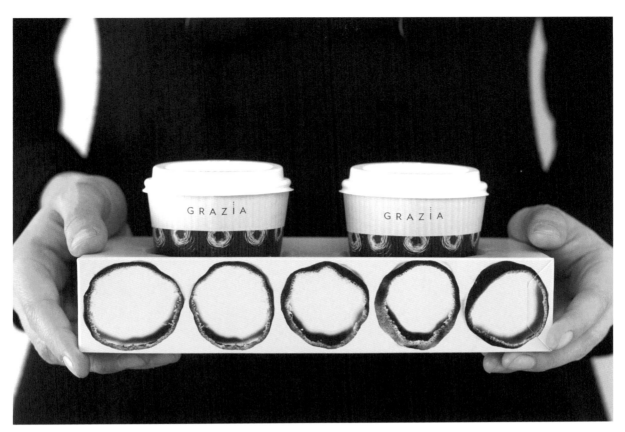

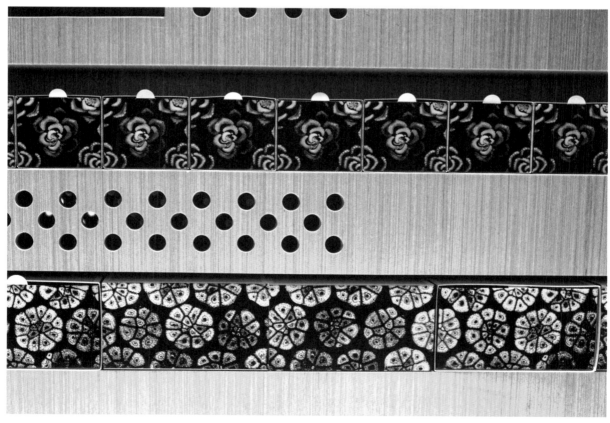

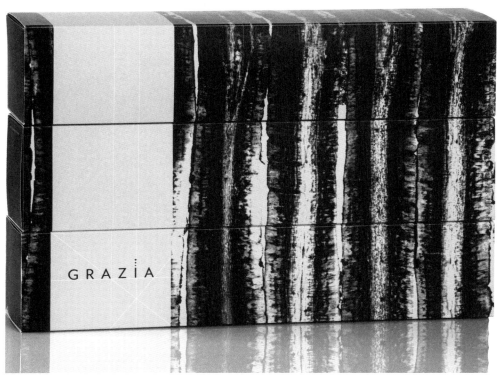

PACT 视觉形象设计

设计：ACRE

PACT 位于新加坡乌节中央城购物中心，是一家整合了多项业务的联合品牌企业。大理石花纹代表着企业把发型设计、食品和时尚三个业务合并成一个整体。大理石花纹中的旋涡和混合强调了品牌自发且坚定不移的合作理念。

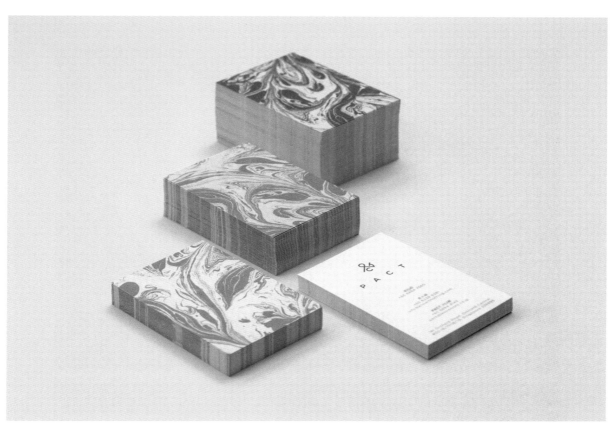

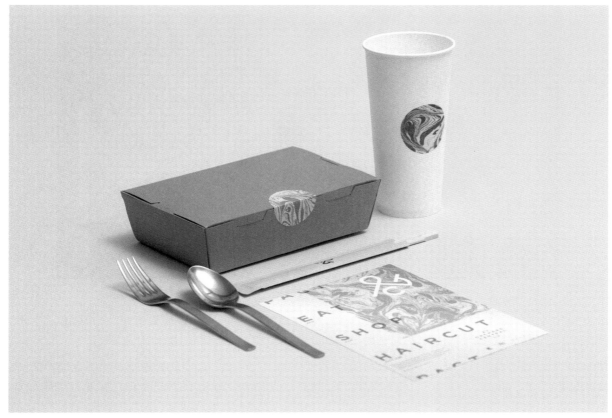

Mutuo 视觉形象设计

设计：Manifiesto Futura

Mutuo 由两个建筑师共创，他们的作品以在建筑与设计等多个领域提出实验性解决方案为特点。它富有动感的形象设计反映了他们新的建筑实验的活力，将流动的液体和迥然不同的事物有机结合，形成一种不规则的交织。

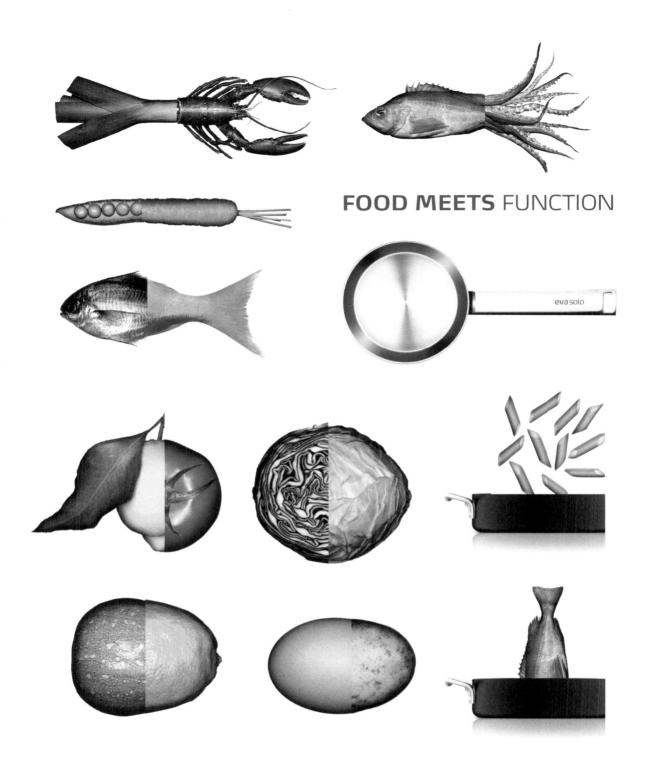

FOOD MEETS FUNCTION

**Eva Solo-Food Meets
Function 视觉形象设计**

设计：Bessermachen Design Studio

Eva Solo 推出了一系列符合专业厨师要求和设计硬标准的厨具。设计师以厨具和食物为重点元素，将不同元素的外表和横截面以巧妙的方式结合起来，通过重构创造出非凡的视觉效果。在美学领域，食物与功能相遇了。

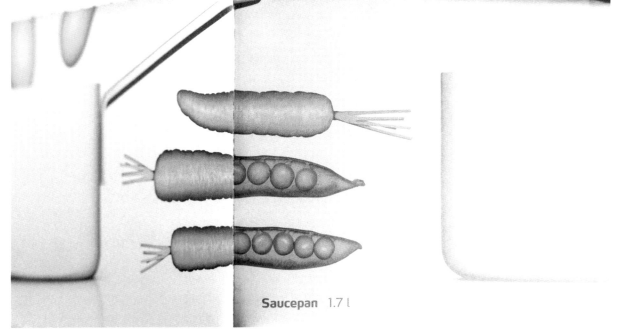

Saucepan 1.7 l

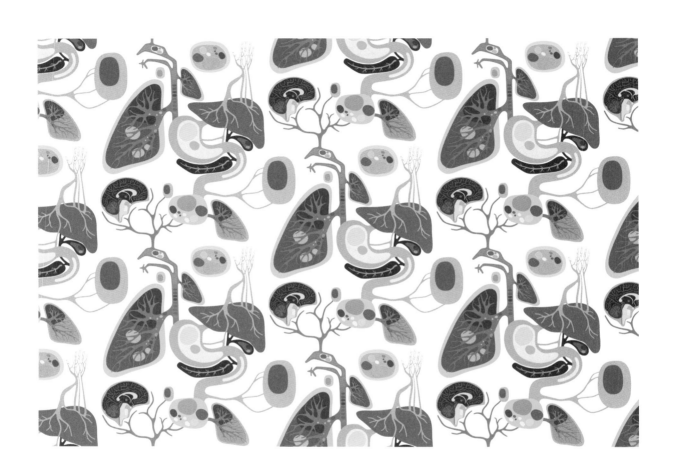

Vårdapoteket 视觉形象设计

设计：Stockholm Design Lab

Vårdapoteket 是瑞典的一家连锁药店。为了使该品牌与医院的传统形象区分开来，设计团队从人体获得灵感，用明亮的色彩设计了色彩明亮的人体器官细节图案，并广泛地运用到墙纸、包装和其他装饰上。

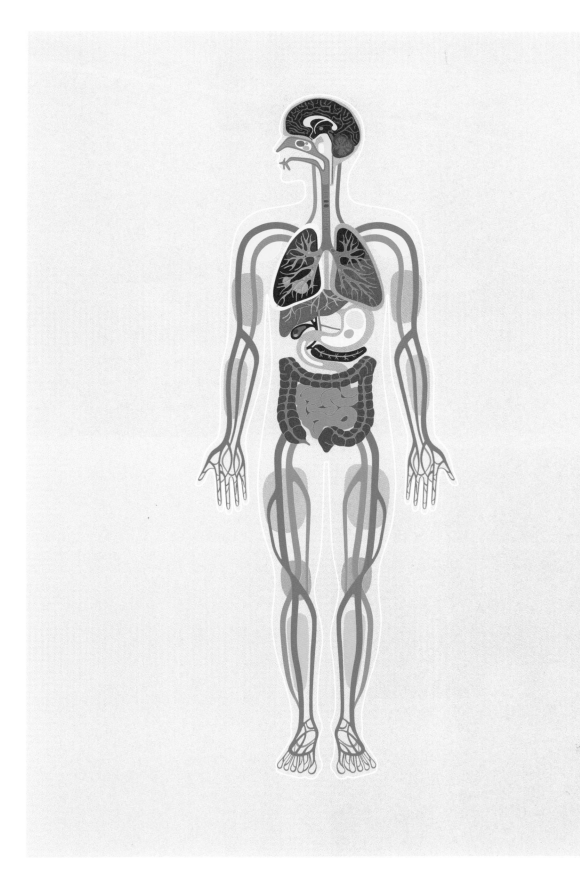

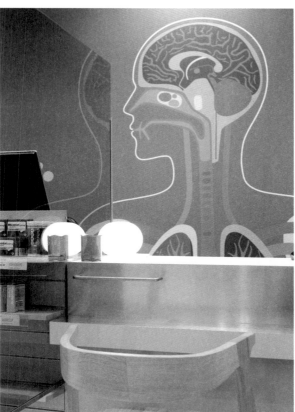

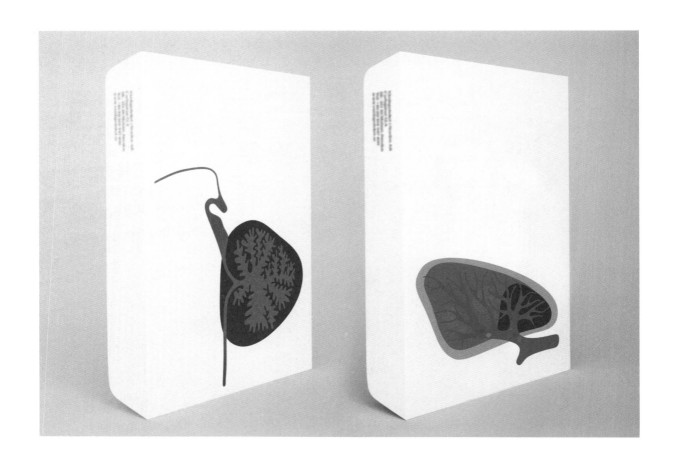

Får vi bli vän med dig?

Bli medlem i vår kundklubb.

Vårdapoteket

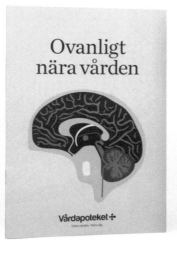

Ovanligt nära vården

Vårdapoteket

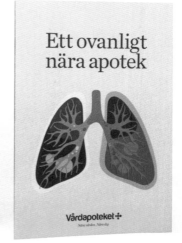

Ett ovanligt nära apotek

Vårdapoteket

Salvatierra 视觉形象设计

设计：Anagrama

Salvatierra（在西班牙语里是"地球救星"的意思）专注于生产优质的有机产品，它的标识是一双手捧着雪花的图形，寓意保护大自然。其包装设计的灵感来源于泥土——有机产品的象征。

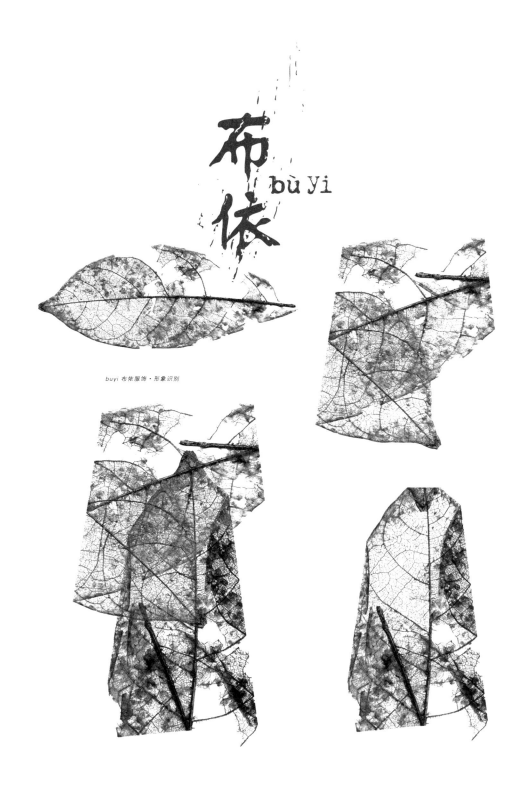

布依 bù yī

buyi 布依服饰 · 形象识别

布依视觉形象设计

设计：momonini creative space

服装品牌"布依"珍视原始的自然美，这反映在它的品牌形象设计上——大胆启用了微观下叶子的图案。这些元素为该品牌注入了充分的原始与简约的气息。

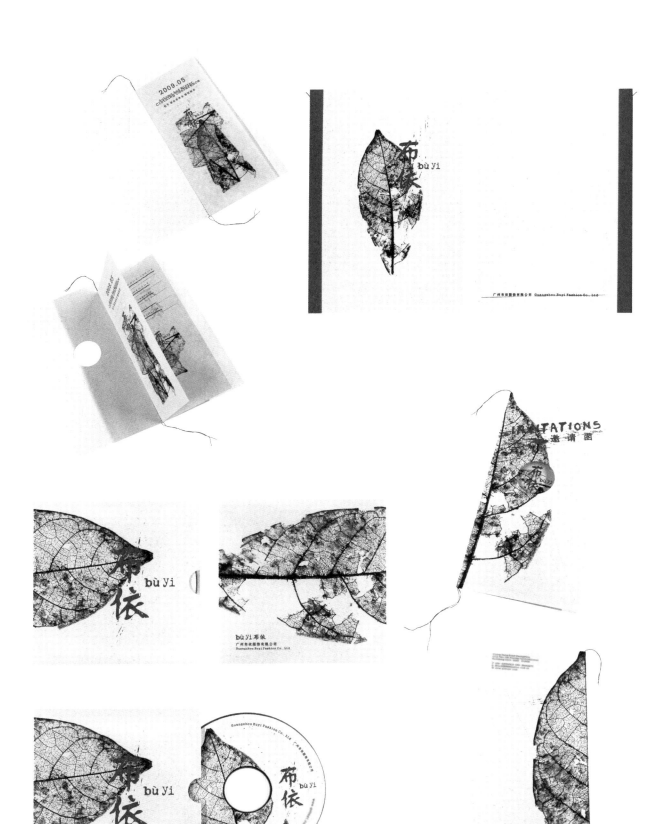

Textures Collettiva
Contemporanea
视觉形象设计

设计：Giuseppe Fierro

这是在意大利举行的一个关于当代纹理的多元文化节——Textures Collettiva
Contemporanea 的视觉形象。在这个文化节上，除了展示雕塑、绘画和摄影
这些当代艺术作品外，还有艺术家见面会、采访，以及节目表演和现场演
唱会。设计师运用精美的自然纹理来表现不同的艺术形式。

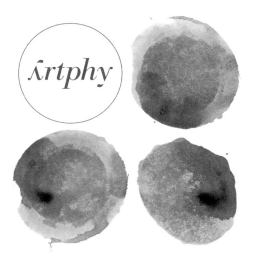

Artphy 视觉形象设计

设计: BURO RENG

Artphy是一个新成立的现代艺术哲学中心。设计师用钴蓝色涂抹在蔬菜横截面上，像使用印章一样印出图形。钴蓝色随着纹理呈现深浅变化，圆形则象征着虚无、无限和自由。

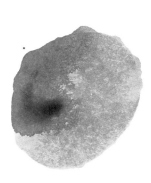

Vi Novell 视觉形象设计

设计：Atipus

在西班牙，按照传统，11 月是腌制腊肉的时节，同时红酒 Vi Novell 会被装瓶。这种新鲜而果香浓郁的红酒要在发酵结束前装瓶。设计师在这个品牌的包装和海报上使用了生猪肉的切片图案。

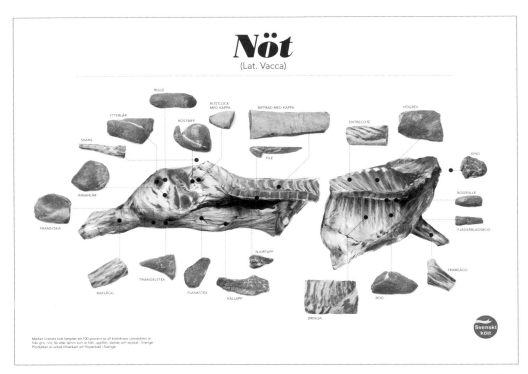

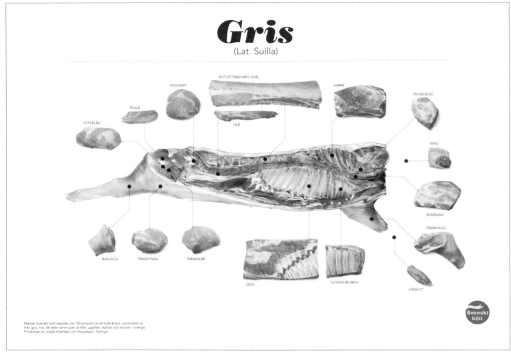

Meat信息图设计

设计：Between

这是为瑞典的肉类品牌Svenskt Kött设计的一系列新的肉类图表。为了看上去更像是真的菜肴，而不是挂在墙上的冷冰冰的信息图，设计师用切开的猪、牛、羊的各个部位作为图表的主要元素。

Lamm
(Lat. Agnus)

SLAKTKROPP

ANATOMI

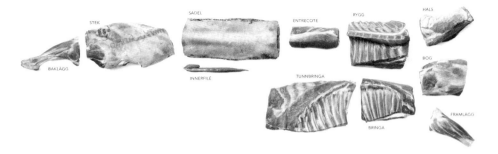

STEK · SADEL · ENTRECOTE · RYGG · HALS · BAKLÄGG · INNERFILÉ · TUNNBRINGA · BRINGA · BOG · FRAMLÄGG

DETALJER

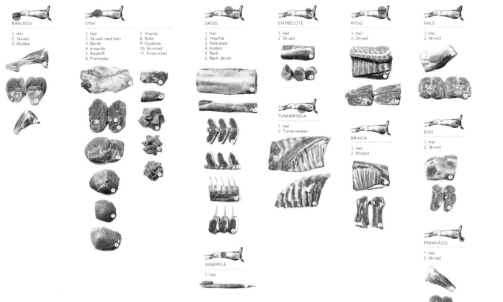

BAKLÄGG
1. Hel
2. Skivad
3. Klubba

STEK
1. Hel
2. Skivad med ben
3. Benfri
4. Innanlår
5. Rostbiff
6. Fransyska
7. Ytterlår
8. Rulle
9. Grytbitar
10. Strimlad
11. Finstrimlad

SADEL
1. Hel
2. Ytterfilé
3. Parkotlett
4. Kotlett
5. Rack
6. Rack, skivat

INNERFILÉ
1. Hel

ENTRECOTE
1. Hel
2. Skivad

TUNNBRINGA
1. Hel
2. Tunna revben

BRINGA
1. Hel
2. Ribbad

RYGG
1. Hel
2. Skivad

BOG
1. Hel
2. Skivad

FRAMLÄGG
1. Hel
2. Skivad

HALS
1. Hel
2. Skivad

Lamm
(Lat. Agnus)

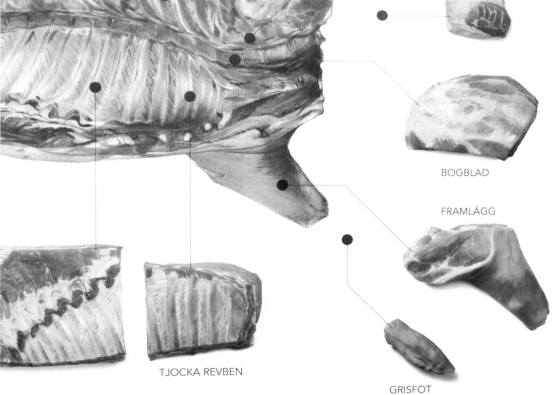

BOGBLAD

FRAMLÄGG

TJOCKA REVBEN

GRISFOT

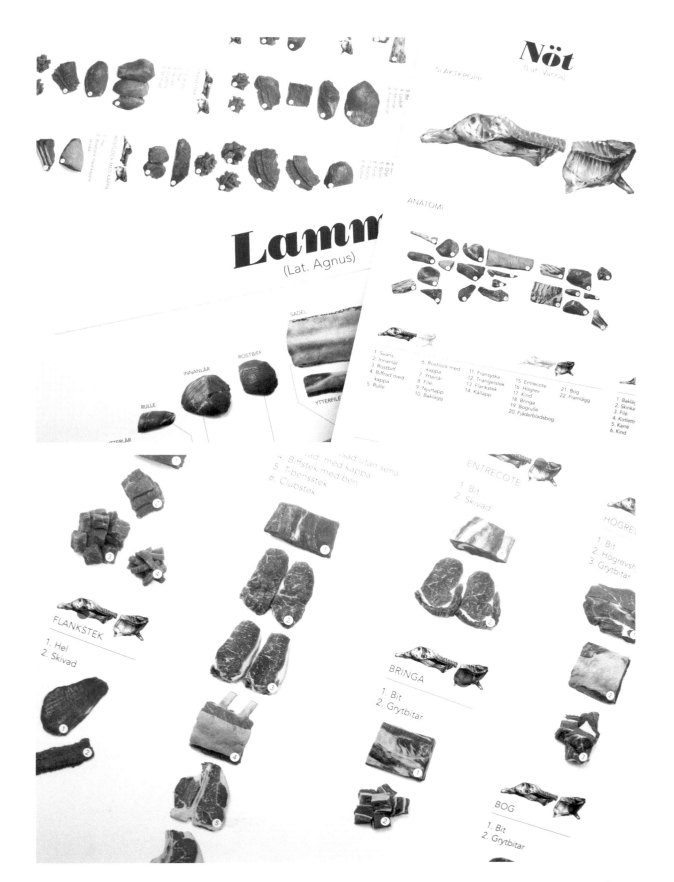

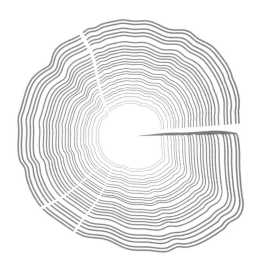

Giuseppe Giussani
parquet d'artista

Giuseppe Giussani
parquet d'artista

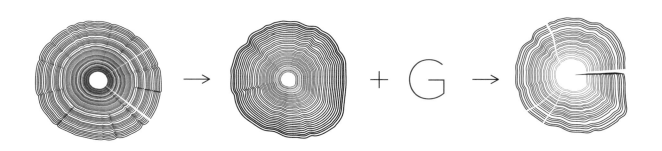

Giuseppe Giussani
视觉形象设计

设计：45gradi

Giuseppe Giussani 是一位意大利工匠，专注于木地板定制。其品牌标识将名字首字母 G 与树的年轮图案结合起来，象征着这位工匠的命运与树木紧紧地联系在一起。

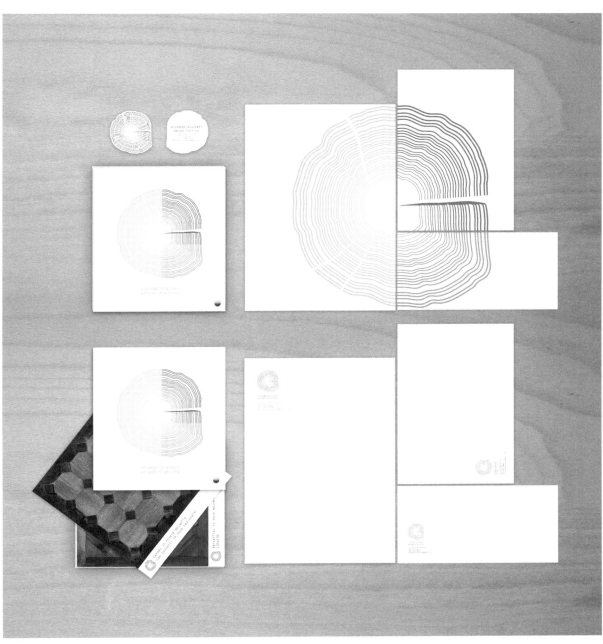

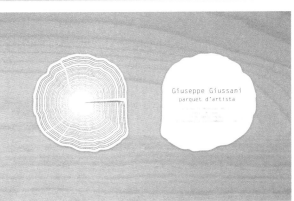

Möbelbau Breitenthaler
视觉形象设计

设计: moodley brand identity

Möbelbau Breitenthaler 是一个奥地利家具品牌，以创意设计、精湛的技艺和审美品位闻名。它的品牌形象中，最有象征性的元素是黑色的年轮，代表着这家公司追求永恒之美。

自然色彩

地球是一个蓝色的星球，它所呈现给我们的却是一个色彩斑斓、姿态万千的美丽世界！一年四季，自然万物的色彩在不断变化，绿色的森林、洁白的雪山、霞红的晨光、土黄的沙漠、湛蓝的天空等，会让我们形成或凄凉，或热烈，或舒适，或绝望，或清爽的多样心理感受。而在这些感性理解的基础上，我们换一个角度去观察，会发现自然界中很多色彩的出现与搭配体现着理性的智慧。在森林里，在海洋中，有大量的动植物会根据其所在的地理环境而进化出对自身生存发展最有利的色彩，它们会考虑阳光、雨水、温度、地理地貌、物种间的竞争、生命延续的需求等因素而呈现出鬼斧神工般的色彩，以起到隐藏、吸引、恐吓等目的。比如变色龙这种动物，它身上的颜色可以根据其所在的环境而变化，从而很好地隐藏自己。这是一个极端的例子，却可以看出自然色彩的应用是多么神奇而伟大，它的设计充满智慧与灵感。

色彩是生命进化的体现，也是最具智慧、最精准的表达。大自然是我们离不开的生存环境，在这个环境里我们所看到的和接触到的每一样东西都有它自身的色彩体现。色彩在人类视网膜中的呈现基于光线的反射作用，同时不同的色彩及搭配在不同的环境中会让人产生不同的心理感受。色彩学是研究与人的视觉发生色彩关系的自然现象的科学，尤其在色彩心理学、色彩行为学、生物色彩学、色彩地理学等学术知识体系上做了相当深入的研究。自然色彩作为研究的本源，使得这些学术成就在不断被应用到我们的生活与工作当中，进而影响我们的行为、感受和认知。在设计领域，色彩的应用尤为突出，特别是在平面视觉的呈现上。作为人类最直观的视觉感受，任何一种色彩的应用都会被受众直接接收和体会。试想一下，如果我们永远只能生活在一个黑白的世界里，那么这个世界将会是多么的无趣而冰冷。所以如何充分而准确地利用色彩，从而起到规范行为、营造情感、传达信息的作用，一直以来都是设计师需要不断去研究和尝试的工作。

自然色彩无疑是灵感的源泉，更是一个取之不尽的资源库。

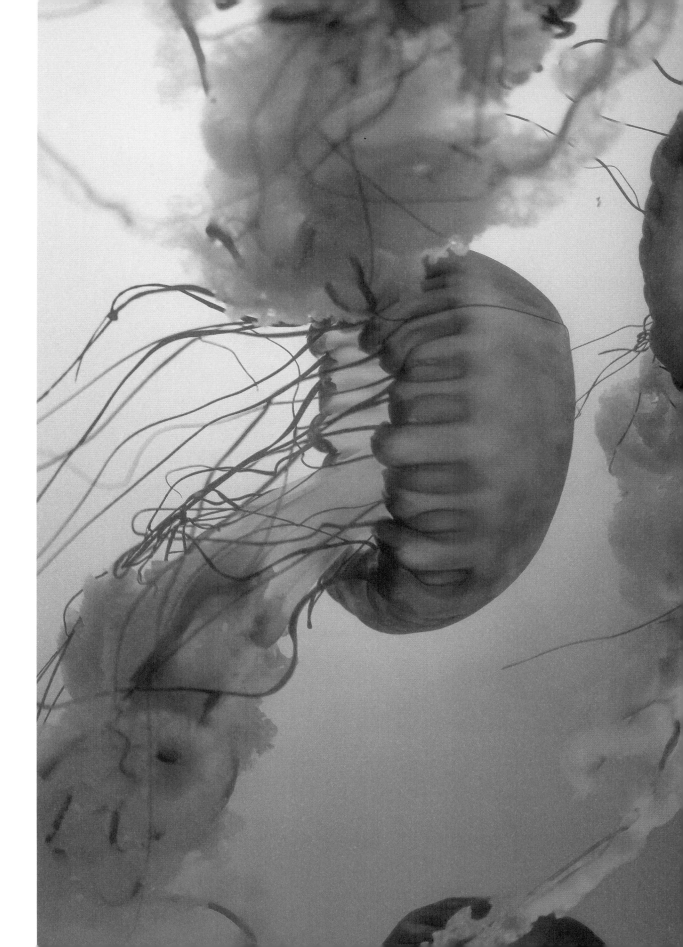

M.U.D 视觉形象设计

设计: The Clocksmiths

M.U.D 是 "Making Upward Dancing"（向上跳舞）的首字母组合。M.U.D Centro Danza 是意大利的一所舞蹈学校，这所学校最重要的特点在于它的两个创始人——西尔维娅和莱昂纳多。他们的舞姿充分展现了平静与紧张的对比，并且完美呈现了身体的优雅力量。相应的，这个设计主要使用了两组对比强烈的颜色，橘红色、桃红色等象征女性的平静柔和，而灰色、黑色等则象征男性的紧张力量。

Upward   Dance

Making

MUD

Centro Danza

Direzione Operativa   Direzione Artistica
**Silvia   OPENING   Leonardo
Iacobucci   14 . 09 . 13   Bizzarri**

via Ulisse Nurzia . Località Pile . L' Aquila

Iscrizioni aperte dal 14 settembre

Le Bleury 视觉形象设计

设计：Elizabeth Laferrière

Le Bleury 是加拿大蒙特利尔的一家酒吧，这家酒吧的标识基于一张唱片的形状。它的店名以一个横线结尾，看上去像是唱片机上的唱臂。酒吧的活动海报以人物的黑白照片和放大的草莓为主要元素，色调鲜艳，背景简约。这种动感的形式使充满怀旧情调的设计闪烁着现代的光芒。

Hortus 视觉形象设计

设计：Ariadna Vilalta

这是一家位于比利时安特卫普的餐馆，它的品牌形象的重点是植物插图和一个锯齿边缘的椭圆形标识。设计师巧妙地运用多种绿色系元素，充分表达了"绿色天堂"这一主题。

Flinders 酒店视觉形象设计

设计：Seesaw

Seesaw 工作室为澳大利亚莫宁顿半岛上的 Flinders 酒店重新进行了品牌设计。设计师使用原创拼贴画和自然色彩创造出一系列精美且独特的图案，这些图案围绕在 Flinders 酒店的精美食物周边，营造出精致、现代的用餐体验。

72° Magic Power 视觉形象设计

设计：Yu ZhiGuang

在72°变的品牌形象中，葫芦被各种各样的图案装饰，比如西瓜皮纹理、斑马条纹、豹纹、黑白格子、黄色波点等。"变化"这一理念对这一系列的作品有着重要的影响。

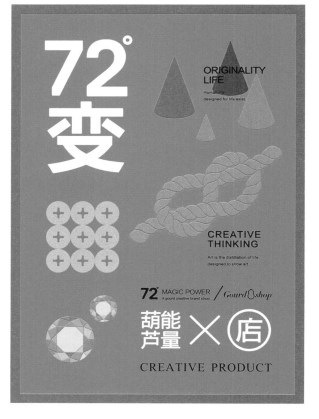

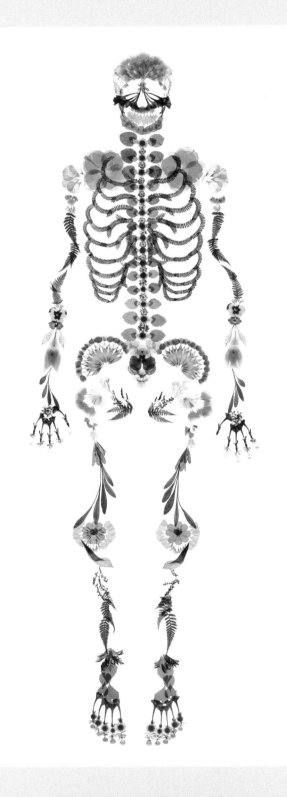

Life is Endless 海报设计

设计: I&S BBDO

设计师利用颜色明亮的鲜花和植物打造了一副骨骼，展示出"死亡带来的不只有悲伤"的理念。同时，也令人在与逝者告别的时候，能感受到逝者只是踏上了另一个旅程，从而缓解悲伤的情绪。

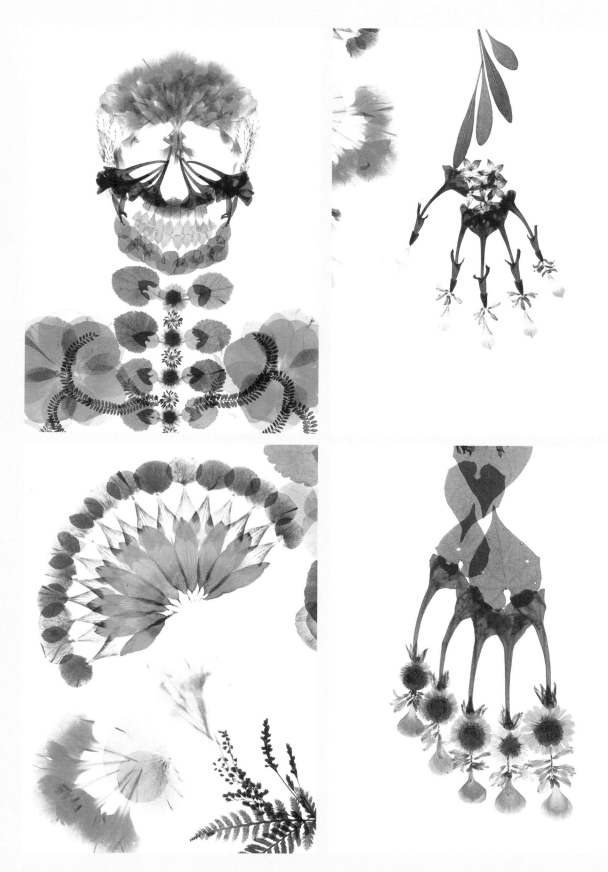

Blue Hill 视觉形象设计

设计：Apartment One

Blue Hill 的合伙人兼设计总监劳伦·巴伯与 Apartment One 携手进行了品牌和形象设计，希望给这款可口的酸奶注入活力。他们为每种口味的酸奶都制作了蔬菜插图和手写字体。插图的暖色调与酸奶杯身冷冷的蓝灰色相协调，在正宗与精致之间取得恰到好处的平衡。

SORVETE

Itália

Itália Ice Cream 视觉形象设计
设计：DPZ Rio

Itália 是里约热内卢的一个著名雪糕品牌，设计师在重新设计形象时，保留了旧版本的主要特征，并把当地的热带元素融入复杂的图案里，显得别有一番风味。标识的另一个亮点在于其亮橙色的椰子树图案，它很小，但很别致。

SORVETE
Itália
abacaxi
peso líquido 50g

SORVETE
Itália
maracujá
peso líquido 50g

SORVETE
Itália
manga
peso líquido 50g

SORVETE
Itália
limão
peso líquido 50g

SORVETE
Itália
coco
peso líquido 50g

SORVETE
Itália
chocomenta
picolé de chocolate
sabor menta
peso líquido 50g

SORVETE
Itália
goiaba

SORVETE
Itália
morango

picolé de morango
colorido artificialmente
peso líquido 50g

SORVETE
Itália
chocolate

peso líquido 50g

SORVETE
Itália
uva

picolé de uva colorido
artificialmente contém aromatizante
peso líquido 58g

SORVETE
Itália
açaí com
guaraná

peso líquido 50g

SORVETE
Itália
choçolate
africano

picolé de chocolate
com amendoim
peso líquido 56g

B Honey Cachaça
视觉形象设计

设计：Pereira & O'Dell

B Honey Cachaça 是一个新发展起来的酒品牌。它的包装设计以模仿蜜蜂的黄黑条纹为特点，一个简约的黑色标识同时让人想起一只蜜蜂和一滴蜂蜜。"B"这个字母带有一条突出的衬线，看上去像是蜜蜂的尾刺。

Smirnoff Caipiroska 包装设计

设计: JWT BRAZIL

为了推出巴西酒品牌的新口味果汁酒 Smirnoff Caipiroska，设计师设计了一层光滑的纸来包裹酒瓶，纸上印刷着不同的水果纹理，分别配合果汁酒的三种口味——百香果、草莓和柠檬，消费者打开包装的过程就好像在给水果削皮。

Avalanche Print视觉形象设计

设计：Say What Studio

Avalanche Print是一个网上平台，售卖真丝印花的手提袋和笔记本，全系列共有七个款式和五种颜色可供选择。它的设计主要突出真丝印刷的过程，希望能使其重新在市场中流行。由于整个项目都围绕真丝印刷，因此颜色选择就显得非常重要。为了配合充满冬日风情的商标，设计师选择用蓝色作为主色调。该色调不仅被运用到印刷的产品上，还被用在了与此相关的各种媒介上（网页、印刷品等）。

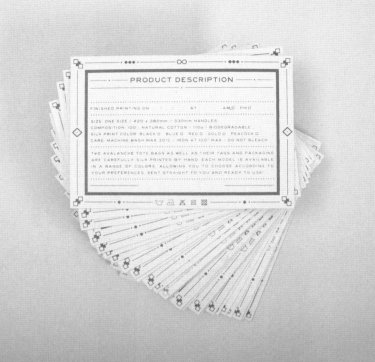

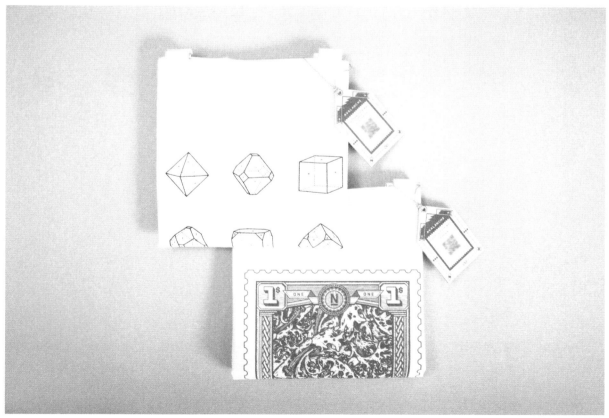

Green LAB 视觉形象设计

设计：Diana Gibadulina

Green LAB 是一家餐馆，同时还是一家商店。蔬菜、水果和草药都在餐馆里种植，消费者可以自己挑选菜肴的食材。它的品牌形象设计以绿点为特色，这些整齐排列的绿点象征着秩序，但每个绿点的形状都是不规则的，说明它们不是人造而是天然的。

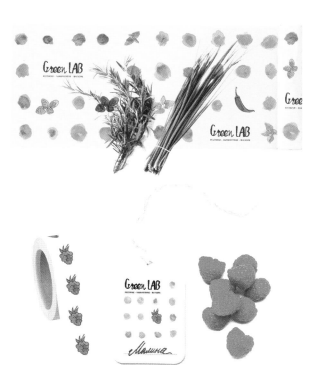

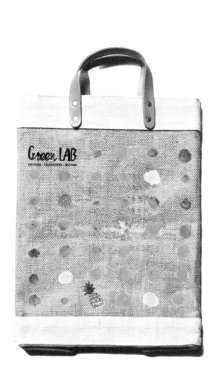

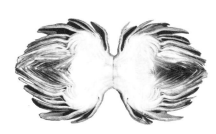

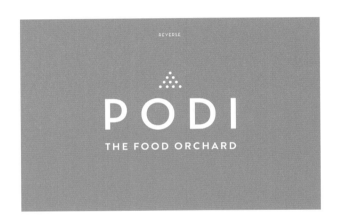

Podi 视觉形象设计

设计：Bravo Company

Podi 是一家全天营业的餐馆，它崇尚大胆、健康又独特的风味，因此采用了同样大胆且直接的品牌形象。Podi 在印度语中的意思是干香料和草药的混合物，从这个含义出发，他们设计出了一个具有强烈色彩的、简约而现代的标识。接近泥土的色调反映了 Podi 的宗旨：制造质量好的、天然的有机食物。

Cedele is moving from Ngee Ann City to *Paragon* and reopening as **Bakery Cafe** at #01-25A.

Also proudly launching **PODI**, *the food orchard* at #01-20A in *Paragon*.

Opening Mid-September 2012

PÒDI
THE FOOD ORCHARD

日历设计

设计：Bravo Company

日历设计的灵感来源于季节性植物的美。拥有高饱和度的植物照片与富有节奏感的字体共舞，把你的思绪带到每个季节最美的一刻。

FEBRUARY

MO	TU	WE	TH	FR	SA	SU
				1	2	3
4	5	6	7	8	9	10
11	12	13	14	15	16	17
18	19	20	21	22	23	24
25	26	27	28			

Arctic and Antarctic
博物馆视觉形象设计

设计：Yana Basirova

南北极博物馆是圣彼得堡主要的博物馆之一。它的标识由三个三角形组成，灵感源于展示在博物馆里的南北极元素，如北极熊、企鹅、冰川和冒险者。这个设计的色彩如实地反映了这两个地区的自然色彩：碧绿色、深紫色和蓝色。一组复杂的图案与海洋生物共同组成了和谐的画面。

Valentto 视觉形象设计

设计：Anagrama

Valentto 是 Olivarera Italo-Mexicana 的初榨橄榄油品牌，适用于工业厨房和餐厅。设计师为品牌标识加入了美丽的意大利风景作为背景。意大利乡村风景的自然色彩不仅中和了这个品牌的工业特性所带来的冰冷感，还给品牌注入了大自然的温暖以及家庭与传统的气息。它的标识非常贴合地嵌在一个菱形里，紧密而对称。采用热压金箔和无涂层未漂白纸表明该品牌是高品质、冷压、全天然的特级初榨橄榄油。

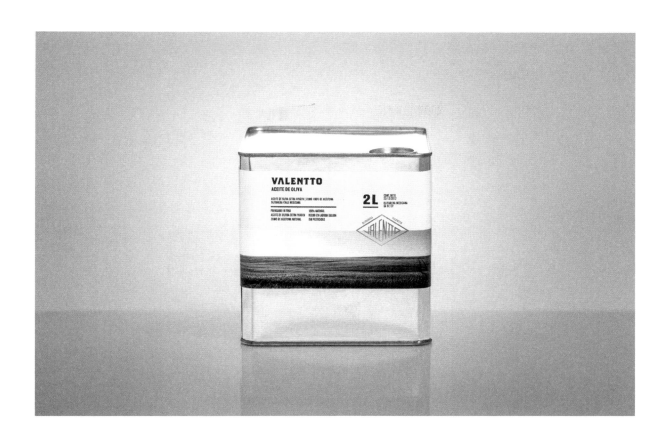

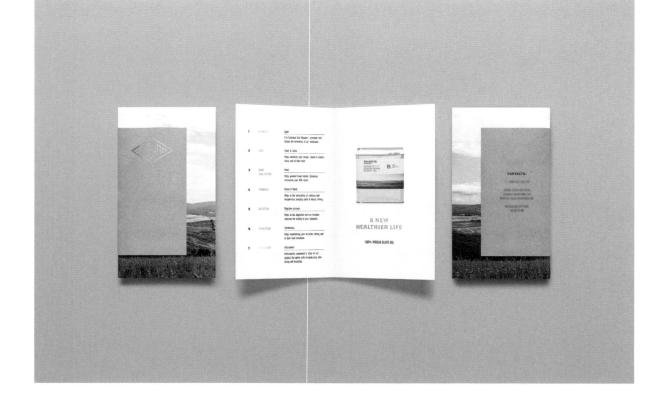

致谢

感谢所有参与本书创作的国内外设计师，他们为本书的编写贡献了极为重要的素材与文章。同时感谢所有参与编校的工作人员，他们的辛勤工作使得本书得以顺利完成。

Acknowledgements

We owe our heartfelt gratitude to the designers at home and abroad who have been involved in the production of this book. Their contributions have been indispensable for the compilation. Also our thanks go to those who have made this volume possible by giving either editing or any supporting help.